ダイコンをしゅうかくするまでのドラマも見のがせないよ!
いきなりとうじょう
かんさつ名人
へー
そうなんだー
こんなに小さなタネを土にまいてそだてるのよ
めが出たときはジーンとするね
かわいい!
ねが大きくなるとき、ダイコンどうしがあつまって大きなあなをほるのよ
土の中
なんだ?
なにかきたぞ
?
太くて元気なダイコンをそだてるために、1本をのこしてほかは間引きをするのよ
ぽん
ぽん
へー!
ダイコンの赤ちゃんどうなるの?
間引いたダイコンもまるごと食べられるからしんぱいしないで
しょぼーん
はっぱが大きく丸くしげるとしゅうかく間近ね!早く食べたーい!
上から見ると…
よし!みんなでダイコンをそだてよう!

ダイコン・カブ・コマツナの そだて方カレンダー

ダイコンは8月のおわりから9月のはじめまで、カブは8月なかばから10月はじめまで、コマツナは8月なかばから10月までが、たねまきの時期です。

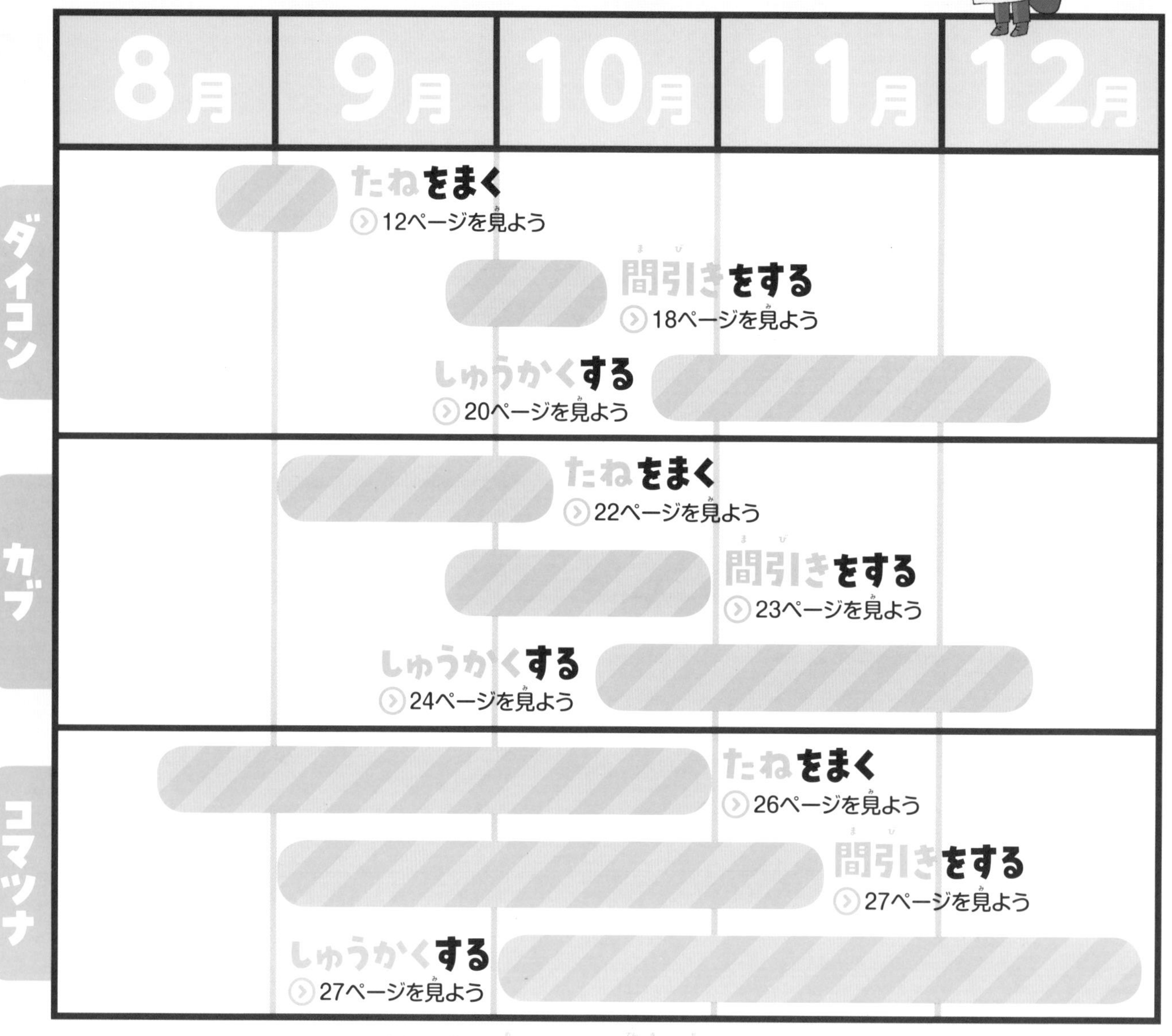

※このカレンダーは目やすです。天気や地いきによりちがうことがあります。また、ここでは秋からそだてる方法をしょうかいしていますが、春にたねからそだてることもできます。

毎日かんさつ！ぐんぐんそだつ

はじめてのやさいづくり

8 冬やさい（ダイコン・カブ コマツナ）をそだてよう

監修：塚越 覚

（千葉大学環境健康フィールド科学センター准教授）

ダイコンやカブのはっぱは、虫がつきやすいぞ。
見つけたらすぐにとりのぞくんじゃ。
かれたはっぱがあったら、ねもとからぬきとるぞ
たねをまいてから3週間くらい
たねをまいてから8〜10週間くらい
ギュウギュウになったね
15〜20㎝くらい
15〜20㎝くらい
虫がついていたらとりのぞこう
元気な1本をのこして、ほかは引きぬこう
40〜50㎝くらい
はっぱのねもとをもって引きぬこう
ねとくきが太くなった!
30〜40㎝くらい
間引きをしよう
18ページを見よう
しゅうかくしよう
20ページを見よう

ダイコンがそだつまで

どんなふうにそだつのかな？　どんなせわをするといいのかな？

たねを
まいてから
1週間
くらい

2cm

はたけに
「うね」をつくって
たねをまこう

たねをまこう

12ページを見よう

めが出た

16ページを見よう

ダイコン・カブ・コマツナをそだてるには どんなじゅんびがいるのかな？

はたけのじゅんびをしよう

はたけの土をたがやして、たねをまくじゅんびをします。ダイコンはたねをまく2週間前までに、カブとコマツナは1～2週間前におこないます。

下にのびるダイコンは、
土をよくたがやすこと。
50～70cmの深さまで
やわらかくして、土のかたまりや
石はとりのぞくんじゃ

はたけでつかうもの

マルチシート
はたけの土にかぶせる大きなポリフィルム（とうめい、白、黒などの種類がある）。たねをまく、あながあいているものがべんり。

ぼう虫ネット
やさいを虫や鳥からまもるために、かけるあみ目のネット。

たね

ここからやさいのめが出る。くわしいまき方は、たねが入っているふくろにかいてあるよ。

じょうろ

水やりにつかう。ペットボトルのふたに、小さなあなをあけたものでもいいよ。

ひりょう・たいひ

「ひりょう」は土にまくやさいのえいよう。「たいひ」は土をふかふかにしてくれるよ。

かんさつのじゅんびもわすれずに

●かんさつカード

さいしょはメモ用紙にかいてもいいね。

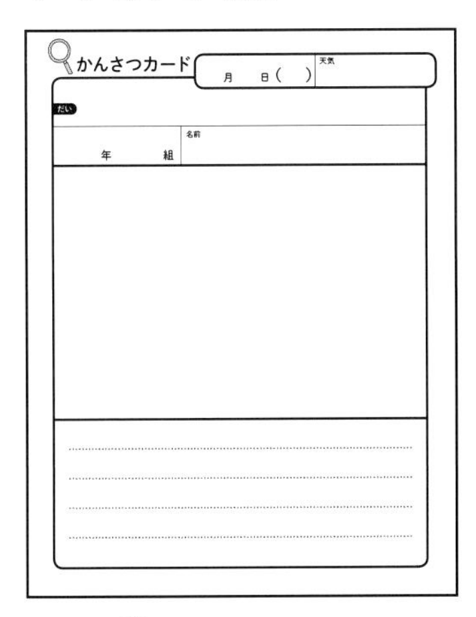

かんさつカード　月　日（　）　天気
だい
年　組　名前

ⓔこの本のさいごにあるので、コピーしてつかおう。

●ひっきようぐ

絵をかくための色えんぴつも用意しよう。

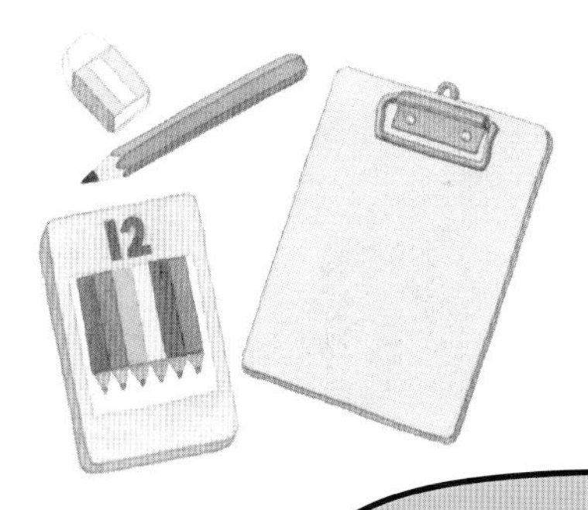

●じょうぎやメジャー

長さや大きさをはかるのにつかう。虫めがねもあるといいね。

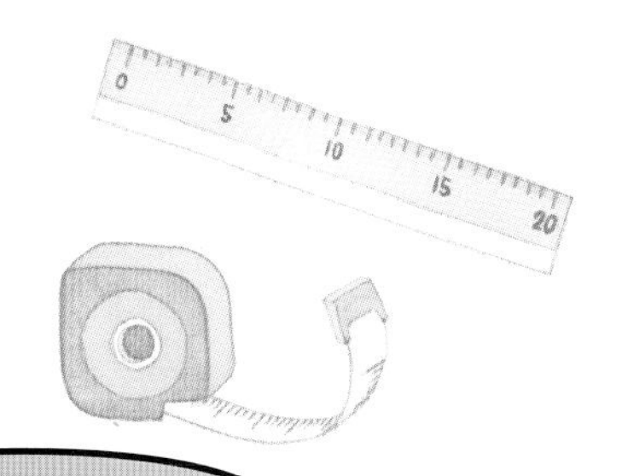

外から帰ったら手あらい、
うがいをわすれずに！

たねをまいてから6〜8週間くらい

はっぱのねもとをもって引きぬくよ

30〜40cmくらい

くきが丸くなった！

しゅうかくしよう

24ページを見よう

おぼえておこう！

植物の部分の名前

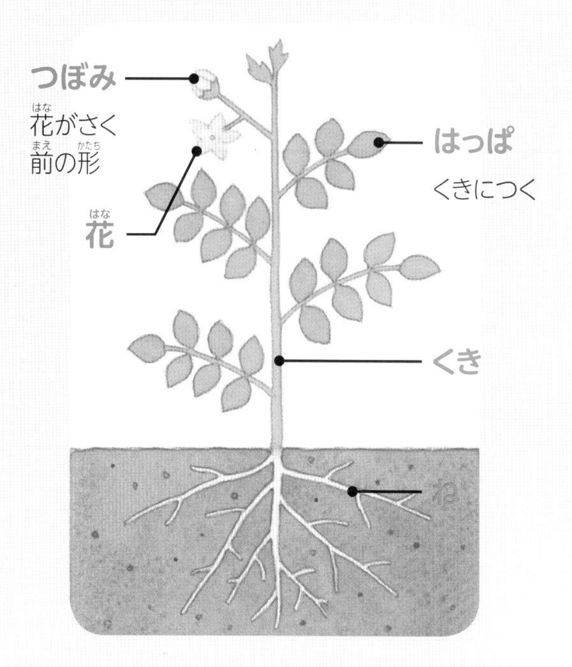

ダイコン、カブの部分の名前

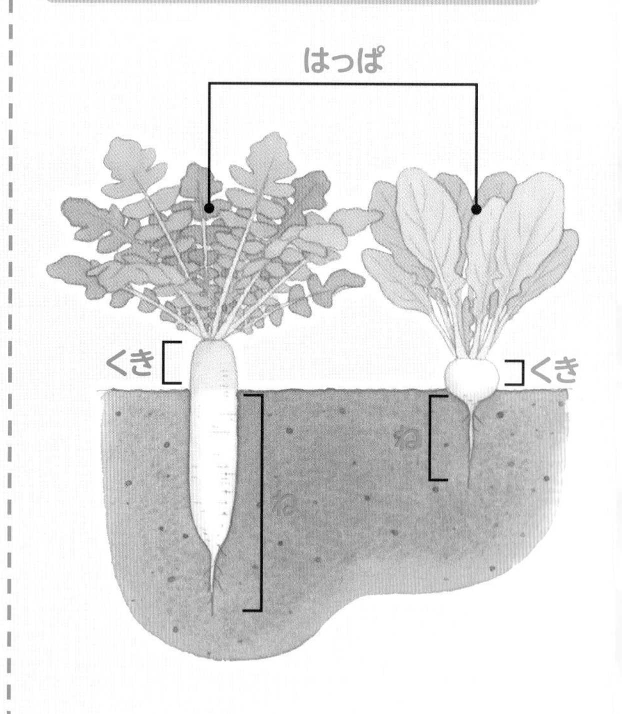

カブがそだつまで

どんなふうにそだつのかな？　どんなせわをするといいのかな？

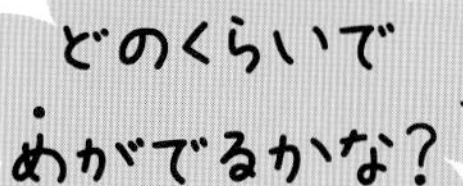

2cm

はたけに
「うね」をつくって
たねをまこう

たねをまこう

22ページを見よう

たねをまいてから1週間くらい

いっせいに
めが出たよ！

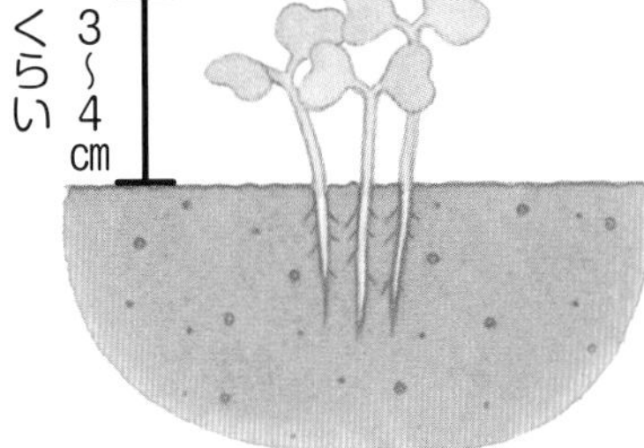

めが出た

23ページを見よう

たねをまいてから2～3週間くらい

ギュウギュウに
なったね

15～20cmくらい

虫が
ついていたら
とりのぞこう

元気な1本を
のこして
ほかは引きぬこう

間引きをしよう

24ページを見よう

この本のつかい方

この本では、ダイコン・カブ・コマツナのそだて方と、かんさつの方法をしょうかいしています。

●**ダイコン・カブがそだつまで**：そだて方のながれやポイントがひと目でわかるよ。

この本のさいしょ（3ページから6ページ）にある、よこに長いページだよ。

●**ダイコンをそだてよう**：そだて方やかんさつのポイントをくわしく説明しているよ。

かんさつ名人のページ

やさいをそだてるときに、どこを見ればいいか教えてくれるよ。

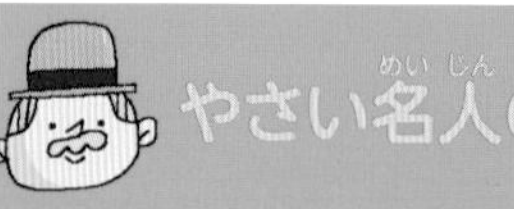

やさい名人のページ

やさいをそだてるときのポイントや、しっぱいしないコツを教えてくれるよ。

うえてからの日数
だいたいの目やす。天気や気温などで、かわることもあるよ。

かんさつカードをかくときの参考にしよう。

かんさつポイント
かんさつするときに参考にしよう。

ダイコンのしゃしん
なえやくき、はっぱ、花、みのようすを、大きな写真でかくにんしよう。

そだて方の説明

もくじ

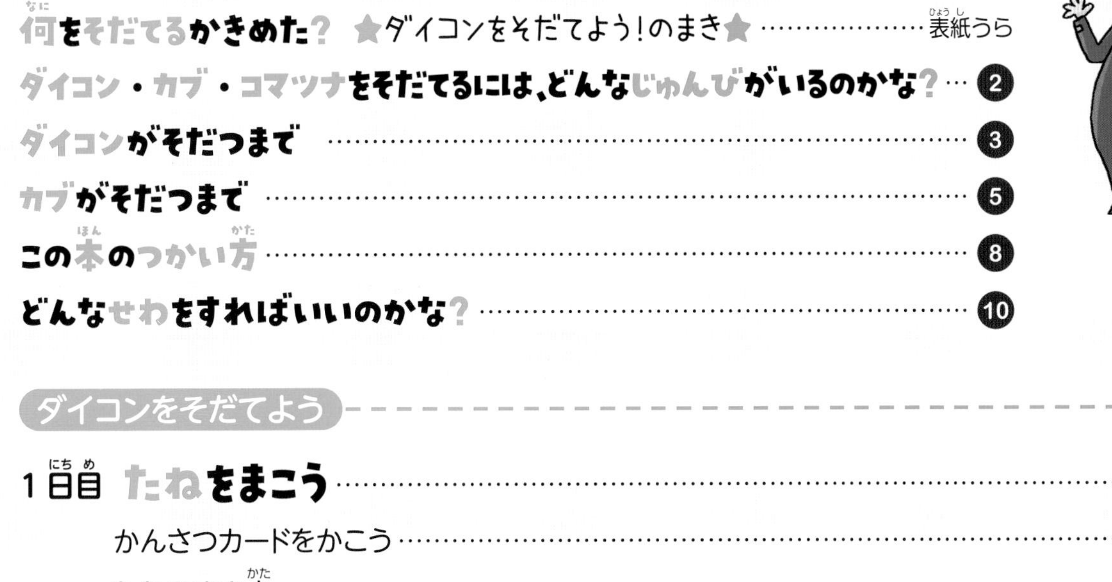

ダイコンをそだてよう

どんなせわをすればいいのかな？

ダイコン　カブ　コマツナ

ダイコン・カブ・コマツナをそだてるときにすることを頭に入れておこう。

毎日ようすを見る

- 虫やざっ草、かれたはっぱを見つけたら、とりのぞく

虫はいない？

はっぱの色がかわったりかれたりしていない？

ざっ草ははえていない？

間引きをする

●何本か出ているめの中で、元気なものをえらんでのこし、ほかのめをぬくのが「間引き」

18、23、27ページを見よう

ひりょうをまく

●土にまく、やさいのえいようが「ひりょう」

●間引きのあとに、ひりょうをまく

19、24、27ページを見よう

ねやはっぱをふまないように、はたけでは決まった道を歩くのじゃ

せわをするときに気をつけること

よごれてもいいふくをきよう

土や植物にさわるので、よごれてしまうことがあります。

おわったら手をあらおう

土がついていなくても、せわをしたら手をよくあらいましょう。

ダイコンをそだてよう
1日目

たねをまこう

はたけのじゅんびをしてから、たねをまきます。たねはどんなようすか、しっかりかんさつしましょう。

あながふかいと
めが出ない
んだって

たねは
どんなようす？

春や夏は
マルチシートをはってから
まくといいんじゃが、
秋ははらなくても
大じょうぶだぞ

マルチシート

はたけのようす

かんさつカードをかこう

気がついたことや気になったことを、どんどんかきこもう。

かんさつのポイント

1 じっくり見る　たねやはっぱの大きさ、色、形などをよく見よう。

2 体ぜんたいでかんじる　たねやはっぱは、つるつるしているかな、ざらざらかな？　さわったり、かおりをかいだりしてみよう。

3 くらべる　きのうとくらべてどこがちがう？　友だちのダイコンともくらべてみよう。

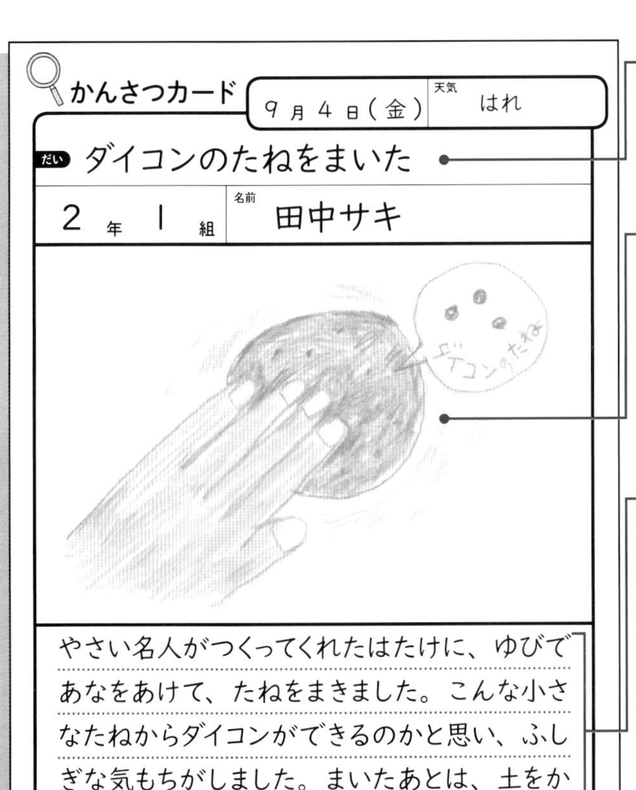
かんさつカード
9月4日（金）　天気　はれ
だい　ダイコンのたねをまいた
2年 1組　名前　田中サキ

やさい名人がつくってくれたはたけに、ゆびであなをあけて、たねをまきました。こんな小さなたねからダイコンができるのかと思い、ふしぎな気もちがしました。まいたあとは、土をかけて手でおさえました。早くめが出るといいな。

だい

見たことやしたことを、みじかくかこう。

絵

たねはどんな形で、どんな色をしているかなど、「かんさつポイント」を参考にしながら絵をかこう。気になったところを大きくかいてもいいね。

かんさつ文

その日にしたことや、かんさつしたことをつぎの順番でかいてみよう。

- はじめ　その日のようす、その日にしたこと
- なか　かんさつして気づいたこと、わかったこと
- おわり　思ったこと、気もち

この本のさいごに「かんさつカード」があります。コピーしてつかおう。

たねのまき方

たねのまき方は、やさいの種類によってちがいます。ここでは、はたけにダイコンのたねをまく方法をしょうかいします。

1 はたけのじゅんびをする

たがやした土を細長い形にととのえます。このたねをまく土の台を「うね」といいます。うねの上に「マルチシート」という、ポリフィルムをかけます。

80～90cm
高さ5～10cm

※うねは、大人につくってもらおう

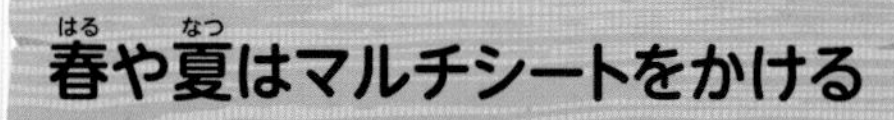

マルチシートには、土がかわきにくくなる、土の温度がかわりにくくなる、ざっ草やがい虫、病気をふせぐ、などの役わりがあります。そのため、やさいのそだちがよくなります。秋はなくても大じょうぶです。

うねにマルチシートをかけ、まわりを土でおおう

2 土にあなをあける

マルチシートのあなに合わせて、土のまん中に、ゆびでふかさ2cmくらいのあなをあけます。すべてのあなを、はじめにあけておきます。

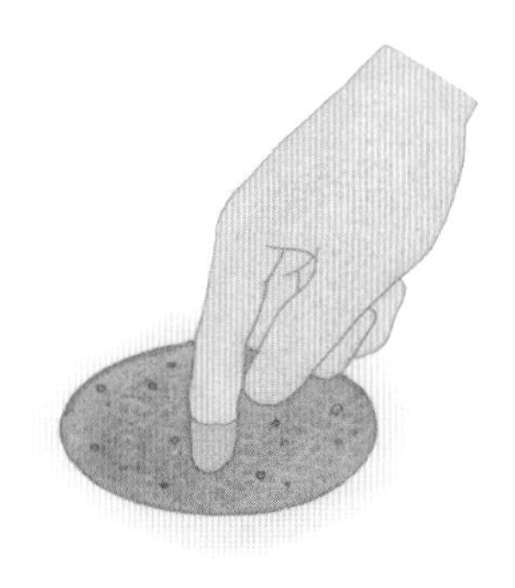

3~5つぶずつ、たねをまく

1つのあなに、たねを3~5つぶずつまきます。ダイコンの種類によってまく数がちがうので、たねのふくろの説明を読んでたしかめましょう。

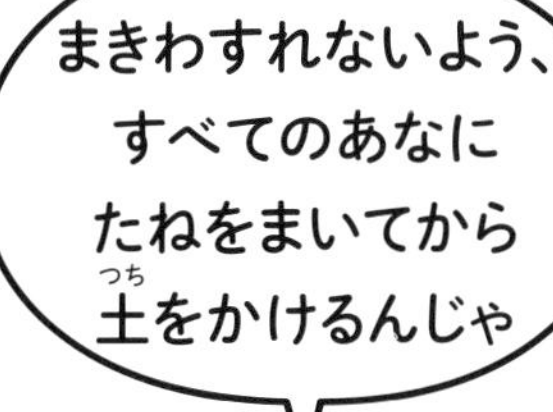

土をかけて、かるくおさえる

うねの外の土をつかんで、あなの中にそっと入れます。土をたいらにしたら、手のひらでしっかりおさえます。

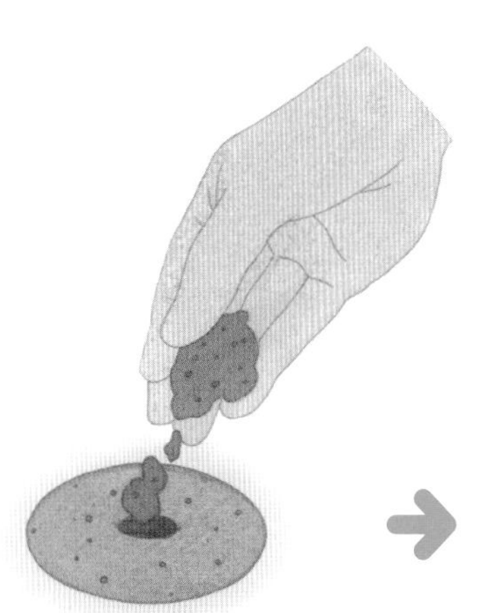

水をかける

じょうろに水を入れて、水をかけます。

ぼう虫ネットをかける

虫や鳥に食べられないように、細かいあみ目のネットをかけます。このネットを「ぼう虫ネット」といいます。

虫も鳥も
入れなくなるね

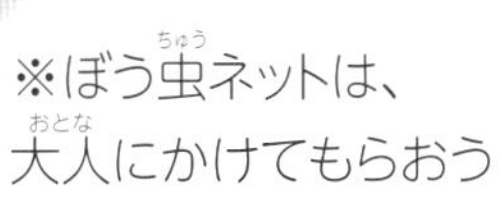

※ぼう虫ネットは、
大人にかけてもらおう

たねをまいてから1週間くらい

めが出た！

たねをまいて何日かするとめが出ます。1週間くらいで、2つのはっぱが大きくひらきます。

はたけに、いっせいに出ため

めをかんさつしてみよう

たねをまいたあなの１つ１つから、いっせいに何本もめを出します。いろいろなめのようすを、かんさつしましょう。

この時期のダイコン

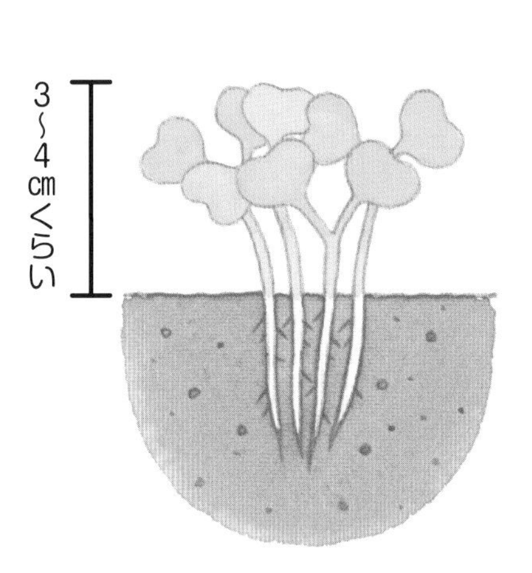

小さいのに
すごい力だね

ダイコンのめ

土をおし上げて出てきため

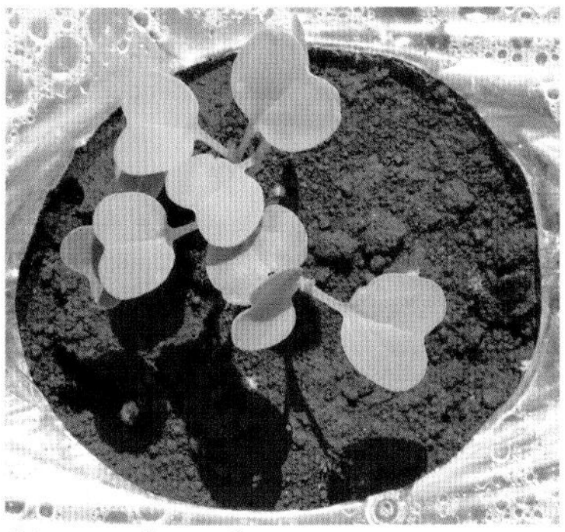

上から見ため

ななめから見ため

かんさつカードをかこう

かんさつカード　9月11日（金）　天気　はれ

だい　めがひらいたよ

2年　1組　名前　田中サキ

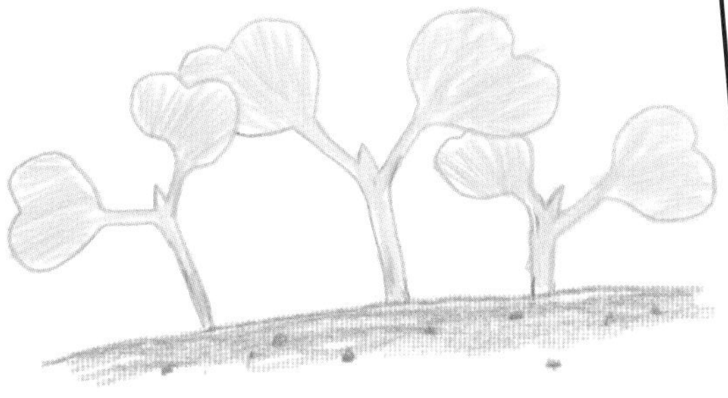

たねをまいてから１週間たって、ダイコンのめがひらきました。ハートの形をしたはっぱで、とてもかわいいです。さわるとつるつるしていました。はっぱとはっぱの間からも、はっぱがはえています。どんどん大きくなあれ。

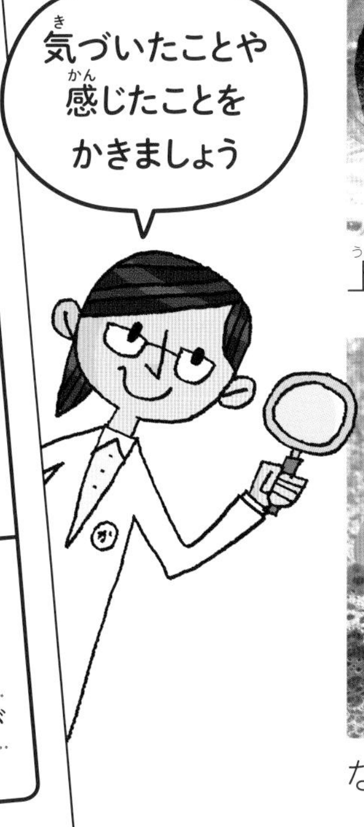

気づいたことや
感じたことを
かきましょう

たねをまいてから3週間くらい

間引きをしよう！

たねまきから3週間くらいたったころ、1つのあなに何本かはえているダイコンを、1本だけのこします。これを「間引き」といいます。

間引いたあとのようす

間引きの仕方

いちばん元気なダイコンを１本えらんでのこします。あとはすべてぬきます。こうすると、大きくそだちます。

1 元気なダイコンをえらぶ

マルチシートの1つのあなにつき、1本のダイコンをのこします。太くて元気な1本をえらびます。

2 のこりを手で引きぬく

のこすダイコンのはっぱをかるくおさえながら、ぬくダイコンのはっぱのつけねをもって、1本ずつ引きぬきます。

3 ひりょうをまく

ダイコンをぬいたあと、ひりょうをまき、土とかるくまぜます。さいごに土をたいらにととのえます。

たねをまいてから8〜10週間くらい

しゅうかくしよう！

たねをまいてから5週間たったころから、ダイコンが大きくなり太っていきます。8週間くらいたつころには、いよいよしゅうかくができます。

しゅうかくの仕方

ダイコンの太さが7～8cmになったら、しゅうかくします。

はっぱのねもとをつかみ、両手で引きぬく

はっぱのねもととダイコンの白い部分をつかんで、両手で上に引きぬきます。

はっぱをかんさつしてみよう

丸く広がるはっぱ

間引いたころ。はっぱがまばらにのびている

しゅうかくするころ。きれいに丸くなった

カブをそだてよう

カブもダイコンと同じようにそだてられます。9～10月にたねをまくと、10～12月にしゅうかくできます。

スタート！
1日目

たねをまこう

はたけのじゅんびをしたら、土にあなをあけてたねをまきます。

1 はたけのじゅんびをする

たがやした土を細長い形にととのえ、その上にマルチシートをかけます。マルチシートは、あなとあなの間が15cmのものをえらびます。

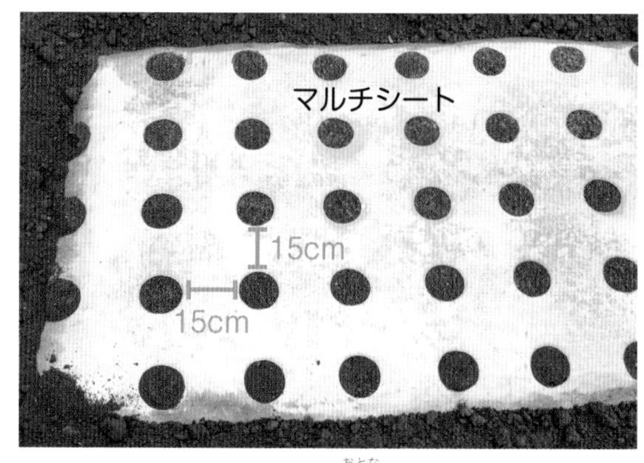

※はたけのじゅんびは、大人にやってもらおう

2 土にあなをあけて、たねをまく

マルチシートのすべてのあなのまん中に、ゆびでふかさ2cmくらいのあなをあけます。それぞれのあなに、たねを３つぶずつまいたら、土をかけてたいらにします。

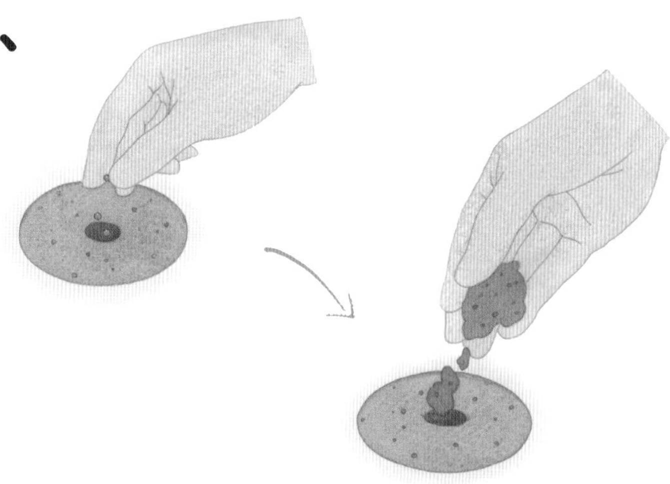

3 水をやり、ぼう虫ネットをかける

じょうろに水を入れて、水をかけたら、虫や鳥に食べられないよう、細かいあみ目の「ぼう虫ネット」をかけます。たねをまいてから1週間くらいでめが出ます。

くわしいたねの
まき方は
14〜15ページを
見よう

ぼう虫ネット

※ぼう虫ネットは、大人にかけてもらおう

たねをまいてから2〜3週間くらい

間引きをしよう

カブを大きくそだてるために、元気なカブをのこしてあとは引きぬきます。

1 元気なカブをえらんで、のこりを手で引きぬく

マルチシートの１つのあなにつき、１本のカブをのこします。太くてしっかりとした１本をえらび、ほかのカブは、はっぱのつけねをもって、ゆっくりと引きぬきます。

2 あなの中に ひりょうをまく

カブをぬいたあとのあなの中に、ひりょうをまき、土とかるくまぜます。さいごに土をたいらにととのえます。

たねをまいてから 6〜8週間くらい

しゅうかくしよう

カブは、土の上で丸く大きくなります。白い部分が5〜6cmになったらしゅうかくします。

はっぱをもって、手で引きぬく

はっぱをしっかりつかんで、上に引っぱるとカブがぬけます。

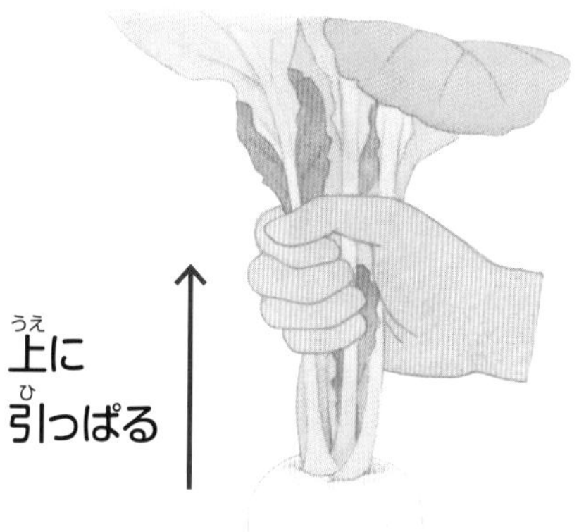

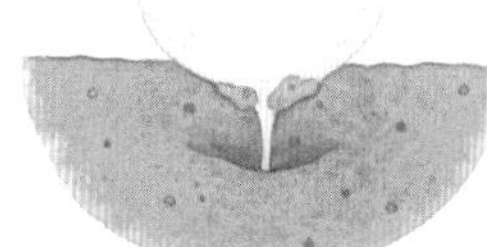

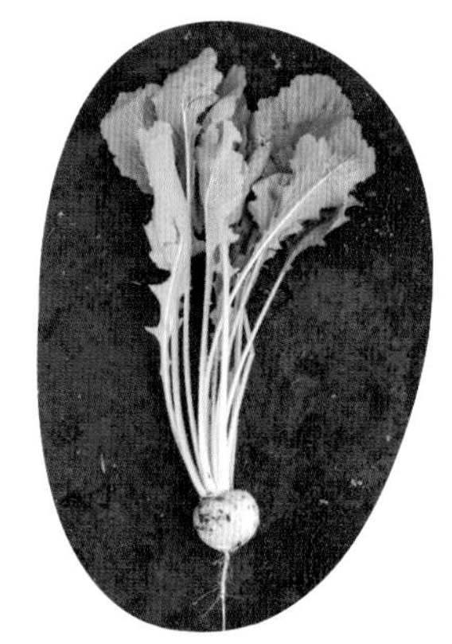

しゅうかくしたカブ

はっぱをかんさつしてみよう

めが出てから、はっぱはぐんぐん大きくなります。
はっぱのようすを見てみましょう。

かんさつのポイント

1. はっぱのひょうめんをさわってみよう
2. めが出たときのはっぱは、どんな形かな?
3. 大きくなったはっぱは、どんな形かな?
4. しゅうかく前のはっぱは、何cmくらいかな?

カブのはっぱ

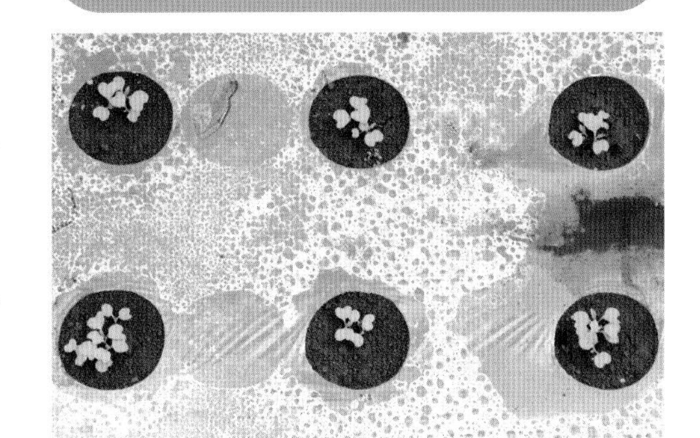

①めが出たところ

②間引く前の、大きくそだったはっぱ

③しゅうかく前の、よこから見たはっぱ

かんさつカードをかこう

かんさつカード　10月23日（金）　天気　くもり

だい　大きなはっぱがたくさんはえた

2 年　1 組　名前　田中サキ

カブのはっぱが 30cm になりました。
はっぱの下をのぞいて見ると、土の上に白いところが出ているのが見えました。白いところがもっと出てきたら、しゅうかくできるそうです。
楽しみだな。

コマツナをそだてよう

コマツナは、はっぱを食べるやさいです。
8～10月にたねをまくと、1～2か月でしゅうかくできます。

スタート！
1日目

たねをまこう

はたけのじゅんびをしたら、
土にあなをあけてたねをまきます。

1 はたけのじゅんびをして、たねをまく

はたけのじゅんびをしてマルチシートをかけたら、それぞれのあなに、ゆびでふかさ2cmくらいのあなをあけます。1つのあなにたねを4～5つぶずつまき、土をかけてたいらにします。

※はたけのじゅんびは、大人にやってもらおう

2 水をやり、ぼう虫ネットをかける

じょうろに水を入れて、水をやります。そのあと、虫や鳥に食べられないよう、細かいあみ目の「ぼう虫ネット」をかけます。

※ぼう虫ネットは、大人にかけてもらおう

たねをまいてから2～3週間くらい

間引きをしよう

はっぱを大きくそだてるために、元気なコマツナを2～3つのこしてあとは引きぬきます。

元気なコマツナを2～3つえらんで、のこりを手で引きぬく

マルチシートの1つのあなに、コマツナを2～3つのこします。太くて元気なコマツナをえらび、ほかは手で引きぬきます。このあと、ひりょうをまきます。

ぬいたはっぱはやわらかくておいしいよ！

たねをまいてから30～40日くらい

しゅうかくしよう

はっぱが20～30cmくらいになったらしゅうかくします。

はっぱを両手でつかみ、引きぬく

はっぱを両手でまとめてつかみ、強く引っぱってぬきます。

すぐできる！

やさいパーティのレシピ

しゅうかくしたダイコンで、ジャムとおやつにちょうせん！

できあがり 20分くらい

ダイコンとリンゴのジャム

口の中でほのかにダイコンのかおりが広がる、やさしいあまみのジャムです。

お湯にとかしてホットドリンクにするのもおすすめ！

ようい するもの

材料(2人分)

- □ダイコン　100グラム
- □リンゴ　100グラム
- □さとう　大さじ4
- □かたくり粉　小さじ1
- □水　大さじ1
- □レモンじる　小さじ1(なくてもよい)

れいぞうこで5日、
れいとうすれば1か月
ほぞんできるよ

道具

- □はかり
- □計りょうスプーン（大さじ、小さじ）
- □かわむき器
- □まないた
- □ほうちょう
- □おろし器
- □小なべ
- □スプーン
- □うつわ

◎にるときは、ガスこんろをつかう

つくり方

1 ダイコンとリンゴを切る

ダイコン、リンゴはかわむき器で、かわをむき、ほうちょうで半分に切る。

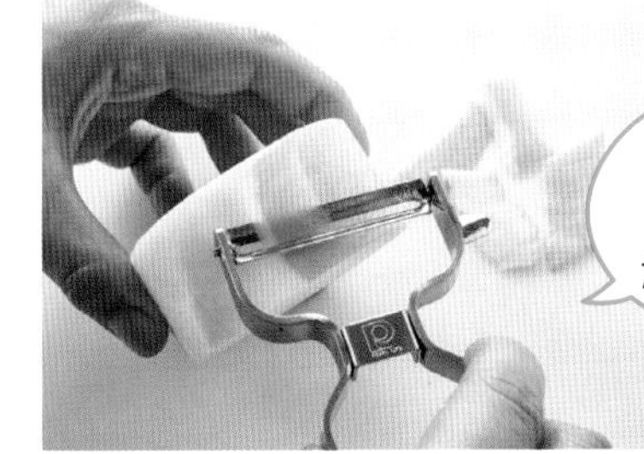

かわむき器は、
まないたの上などの
たいらなところでつかおう

半分のダイコンとリンゴを、ほうちょうで5㎜くらいのあらいみじん切りにする。

ダイコン　リンゴ

ダイコンとリンゴは
同じくらいの
大きさに切ろう

2 ダイコンとリンゴをする

ダイコンの半分をおろし器ですりおろす。リンゴの半分もすりおろす。

3 ダイコンとリンゴをにる

小なべに1と2をすべて入れ、さとうをくわえてまぜる。中火にかけ、ふっとうしたら弱火にして、10分にる。

具がやわらかくなったら、かたくり粉を水でといて入れる。

ふっとうさせてとろみがしっかりと出るまで、スプーンでまぜながらにる。あれば、レモンじるを入れる。

4 もりつける

3をスプーンでうつわに入れる。クラッカーやパンなど、すきなものにのせる。

※ほうちょうや火は、大人がいるときにつかおう

ダイコンもち

できあがり 20分くらい

せん切りダイコンをたっぷり入れた、もちもちとして、食べごたえのあるおやつです。

ようい するもの

材料(2人分)

- □ダイコン　50グラム
- □小むぎ粉(はく力粉)　大さじ4
- □かたくり粉　大さじ2
- □さくらエビ　大さじ1
- □青のり　小さじ1
- □しお　少し
- □水　大さじ4
- □ごまあぶら　少し

たれの材料

- □しょうゆ　小さじ1
- □さとう　小さじ2分の1
- □す　小さじ2分の1

道具

- □はかり
- □計りょうスプーン(大さじ、小さじ)
- □まないた
- □ほうちょう
- □ボウル
- □スプーン
- □フライパン

◎やくときは、ガスこんろをつかう

つくり方

1 ダイコンを切る

ダイコンはほうちょうでせん切りにする。

2 材料をまぜる

ボウルに小むぎ粉、かたくり粉、さくらエビ、青のり、しお、水を入れて、スプーンでまぜる。

1のダイコンをくわえて、さらにまぜる。

3 もちをやく

フライパンにごまあぶらをしき、中火にかける。2を4等分して、フライパンの上にスプーンで丸く広げる。ふたをして4～5分やき、きつね色になったら、うらがえして同じようにやく。

やけたら、たれ用のしょうゆ、さとう、すをまぜて、スプーンでひょうめんにぬる。

ダイコンのあつかい方

下ごしらえ　はさみかほうちょうで、はっぱをつけねから切る。白い部分は水であらう。

切り方

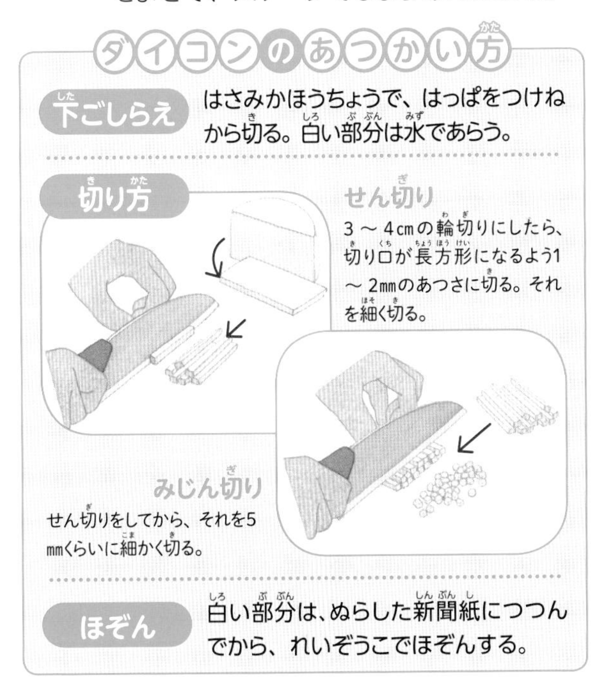

ほぞん　白い部分は、ぬらした新聞紙につつんでから、れいぞうこでほぞんする。

※ほうちょうや火は、大人がいるときにつかおう

ダイコンってどんなやさい？

ダイコンはどこで生まれたの？　どんな種類があるの？
みんなのぎもんをやさい名人に聞いてみよう。

ダイコンはどこで生まれたの？

エジプトの近くで生まれたよ

ダイコンは、エジプトに近いパレスチナとよばれる地いきのあたりで生まれたと考えられています。エジプトやギリシャなどの、大むかしの人たちも食べていました。日本には中国からつたわりました。むかしのダイコンは、今よりもっと小さくて、からく、色も白ではなく黒や赤だったといわれています。

白いところがダイコンのね？

土の中にうまっているところがねだよ

ダイコンの白いところすべてがねだと思っている人も多いかもしれません。ダイコンは、土の中にうまっているところがねです。よく見るとねには、えだ分かれしている小さなねが生えています。土から出ていて、小さなねが生えていないところがくきです。

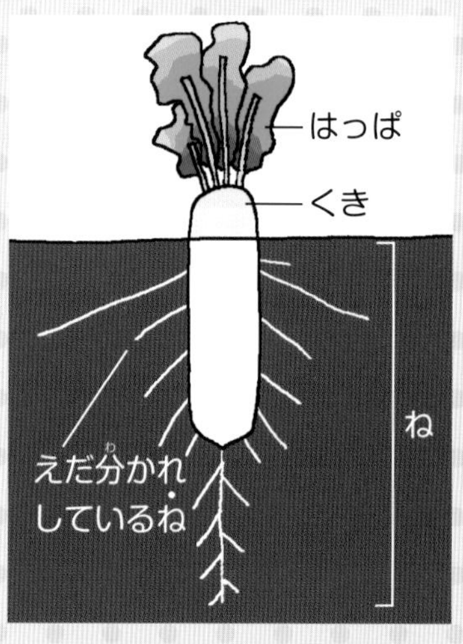

ダイコンにはどんな種類があるの?

いろいろな種類があるぞ

日本中にいろいろな種類のダイコンがあります。よく食べているのは「青首ダイコン」です。ほかにも東京の練馬生まれの「練馬ダイコン」、神奈川県の三浦でつくられた「三浦ダイコン」、京都のお寺で生まれた「聖護院ダイコン」など、地いきによっていろいろな種類があります。カラフルな色の「青ダイコン」「赤ダイコン」「黒丸ダイコン」などもあります。

聖護院ダイコン

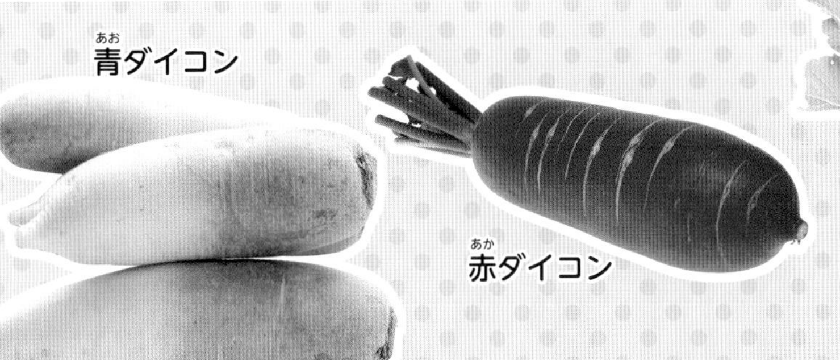

紅芯ダイコン

中が赤いよ

ふしぎな形になるのはなぜ?

じゃまなものがあるとねが分かれてしまうよ

土の中に、小石や土のかたまりがあったり、えいようが足りない部分があったりすると、ダイコンはまっすぐねをのばすことができません。ねは、じゃまなものをよけたり、えいようのあるほうへのびたりするので、右のしゃしんのようにふしぎな形になることがあります。

2cmくらいの大きさだよ

ラディッシュ

カブってどんなやさい?

カブはどこで生まれたの?

地中海のまわりだよ

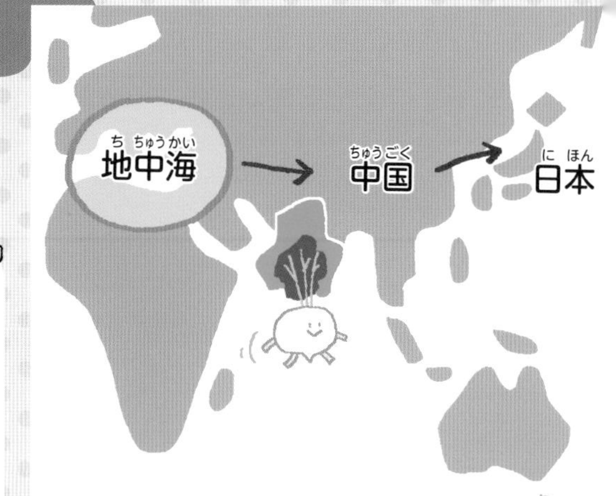

カブが生まれたのは、地中海のまわりから西アジアにかけての地いきと考えられています。日本へは中国からつたわりました。ダイコンよりも古くから食べられていたといわれています。

カブはどんな種類があるの?

いろいろな形や色の種類があるぞ

よく食べているカブは、白くてねが小さめの「金町系小カブ」です。ねが赤い「赤カブ」、ねが黄色の「黄金カブ」、滋賀県の伝統やさいで、さくら色の「日野菜カブ」などがあります。長野県の「野沢菜」もカブのなかまです。

コマツナってどんなやさい?

どこで生まれたの?

日本で生まれたよ

東京の小松川でつくられたのでコマツナという名前になったといわれています。江戸時代の人たちも食べていました。

どんな花がさくの?

黄色い花がさくよ

コマツナは、ダイコンやカブと同じなかまのやさいです。カブの花とにた、黄色い花がさきます。

はたけでなくても、そだてられる ふくろさいばいに チャレンジ!

大きくてじょうぶなふくろをつかって、ダイコンをそだててみましょう。ここでは、売っている土をふくろのままつかう方法をしょうかいします。ふくろは25リットル以上入る大きさのものをよういします。

ようするもの

さいしょに

ふくろ入りのばいよう土
(25リットル以上)

ダイコンのたね

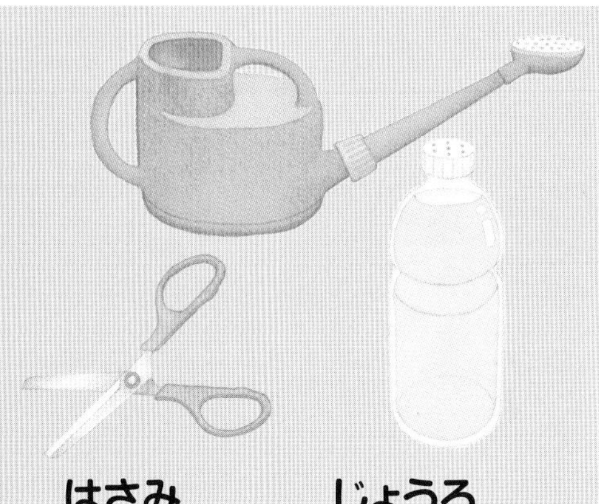

はさみ　　じょうろ

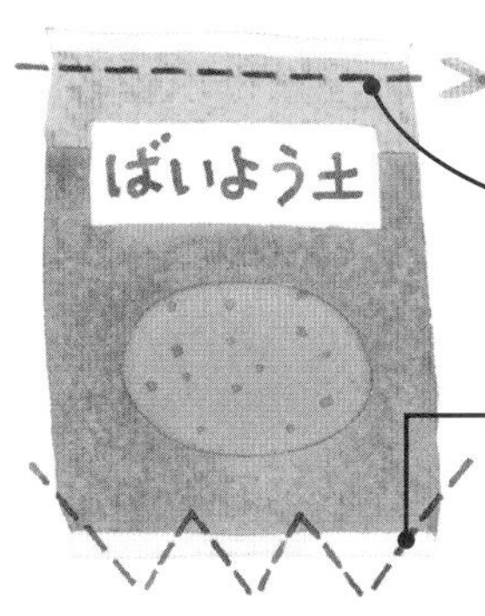

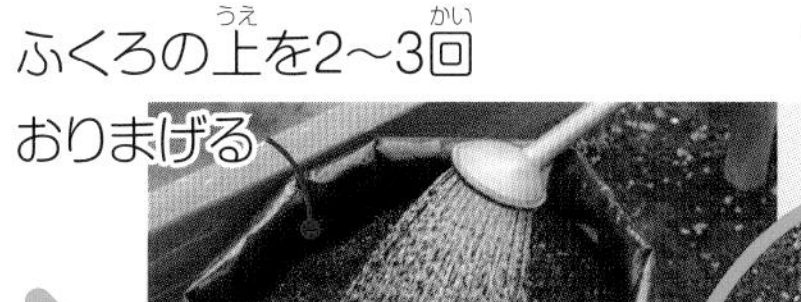

このあと、たねをまくよ。つぎのページを見てね

1 水が下からながれ出るように、土のふくろにはさみであなをあける。

2 ふくろの上は少しおる。ふくろの下はたいらにして立たせる。じょうろに水を入れて、まんべんなく水をたっぷりとかける。

3 ゆびでふかさ２cmくらいのあなをあける。１つのあなに、たねを３～５つぶまく。

まん中に1つだけあなをあけて、まいてもいいぞ

4 ゆびでつまむようにしてあなをうめ、手のひらでおさえてたいらにする。上から水をそっとかける。

たねをまいてから１週間くらい

5 ここからは土のひょうめんがかわいたら、必ずたっぷり水をやる。

ぼう虫ネットをかけると安心

たねをまいてから、はっぱが20～30cmになって天井につかえるようになるまでは、ぼう虫ネットをかけて、虫からまもりましょう。写真のように、ぼうをわたしてその上にネットをかけるか、ふんわりかぶせてひもでとめます。

たねをまいてから2～3週間くらい

6 まん中の元気のいい１本をのこし、ほかのダイコンは全部ぬく。

このころのはっぱは、やわらかくておいしいぞ

7 ダイコンとはっぱのつけねをもって、上に引きぬく。

たねをまいてから8～10週間くらい

こんなとき、どうするの?

そだてているダイコンやカブ、コマツナのようすがおかしいと思ったら、ここを見てね。すぐに手当てをしましょう。

たねをまいたのにめが出ない

あなのふかさや、水のやり方が原因かもしれません。

あながふかすぎても、あさすぎてもめが出ません。ちょうどいいのは2cmくらいです。たねをまいたあと、水をやりましたか?水分が足りないと、たねは動き出しません。また、たねが古いと、めが出ないこともあります。いずれにしても、10日くらいたってもめが出なかったら、ほりおこして新しいたねをまき直しましょう。

小さな虫がたくさんついている!

アブラムシでしょう。すぐにとりのぞきます。

アブラムシは、くきやはっぱにたくさんあつまって、しるをすいます。さらに、いろいろな病気をはこんでくるので、見つけたらすぐにとりのぞきます。やわらかい筆で、はらうとよいでしょう。ぼう虫ネットをかけておくことも大切です。

こまった！3

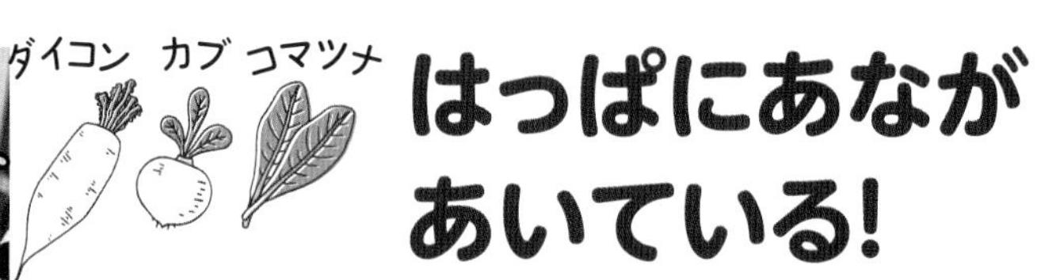

はっぱにあながあいている！

虫に食べられたのかもしれません。

ダイコン・カブ・コマツナなどのはっぱが大すきな虫がいます。モンシロチョウのよう虫や、ガのよう虫、ナガメなどです。はっぱにあながあいていたら、虫がいるのかもしれません。よく見て、見つけたらすぐにとりのぞきます。そのままにしておくと、はっぱをぜんぶ食べられてしまうこともあります。ぼう虫ネットをかけておくことも大切です。

コマツナのはっぱを食べるナガメ

モンシロチョウのよう虫と、たまご

ダイコン　カブ　コマツナ

ちぢれて黄みどり色になった

病気をはこんでくるアブラムシ

「モザイクびょう」かもしれません。すぐにとりのぞきます。

そのままにしておくと、はっぱが黄色くなり、くきやねもかれます。すぐに病気の部分をとりのぞきます。広がっていたら、ねごと引きぬいてすてます。そのままにしておくと、ほかのダイコンにもうつってしまいます。アブラムシがはこんでくる病気なので、アブラムシをつけないようにすることが大事です。

はっぱが黒くなってきた

「黒はん細きんびょう」です。

そのままにしておくと、かれてしまいます。すぐに、はっぱごととりのぞきましょう。はっぱに黄色や白い小さな点ができたりしたときも「べとびょう」や「白さびびょう」といった病気です。見つけたらすぐに、はっぱをとりのぞきましょう。

こまった! 6

ダイコン カブ

くきやねが太くならない!

間引きを、ちゃんとしたかな?

同じところに何本もあると、ぶつかって、大きくそだつことができません。1かしょにつき1本になるように、間引きをします。また、病気にかかって成長しないときもあります。そのときは、ざんねんですがあきらめます。

カブがわれてしまった!

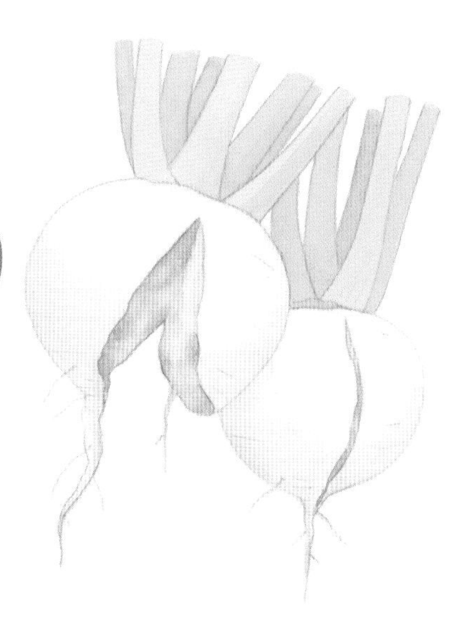

とつぜんの雨ではたけの土がぬれたか、しゅうかくがおくれたからです。

かわいていたはたけの土に、とつぜん雨がふって土がぬれると、カブが一気に水をたくさんすって、はじけるようにわれてしまうことがあります。また、しゅうかくの時期になってもカブをとらずにそのままにしておくと、われてきてしまいます。とりおくれないようにしましょう。

●監修
塚越 覚（つかごし・さとる）
千葉大学環境健康フィールド科学センター准教授

●栽培協力
加藤正明（かとう・まさあき）
東京都練馬区農業体験農園「百匁の里」園主

●料理
中村美穂（なかむら・みほ）
管理栄養士、フードコーディネーター

●デザイン　山口秀昭（Studio Flavor）
●キャラクターイラスト・まんが・挿絵　イクタケマコト
●植物・栽培イラスト　山村ヒデト
●栽培写真　渡辺七奈
●表紙・料理写真　宗田育子
●料理スタイリング　二野宮友紀子
●DTP　有限会社ゼスト
●編集　株式会社スリーシーズン
（奈田和子、土屋まり子）

◆写真協力
ピクスタ、フォトライブラリー

毎日かんさつ！　ぐんぐんそだつ
はじめてのやさいづくり
8 冬やさい（ダイコン・カブ・コマツナ）をそだてよう

発行　2020年４月　第１刷
　　　2024年10月　第２刷

監　修　塚越　覚
発行者　加藤裕樹
編　集　柾屋洋子
発行所　株式会社ポプラ社
　　　　〒141-8210　東京都品川区西五反田3-5-8
　　　　ホームページ　www.poplar.co.jp
印　刷　今井印刷株式会社
製　本　大村製本株式会社

ISBN978-4-591-16511-9
N.D.C.626　39p　27cm
Printed in Japan
P7216008

毎日かんさつ！ ぐんぐんそだつ

はじめてのやさいづくり

全8巻

監修：塚越 覚（千葉大学環境健康フィールド科学センター准教授）

1 ミニトマトをそだてよう

2 ナスをそだてよう

3 キュウリをそだてよう

4 ピーマン・オクラをそだてよう

5 エダマメ・トウモロコシをそだてよう

6 ヘチマ・ゴーヤをそだてよう

7 ジャガイモ・サツマイモをそだてよう

8 冬やさい（ダイコン・カブ・コマツナ）をそだてよう

N.D.C.626（5巻のみ616）　各39ページ　A4変型判　オールカラー
図書館用特別堅牢製本図書

おしえて！かんさつカードのかき方

かんさつのポイント

1. **じっくり見る** 大きさ、色、形などをよく見よう。
2. **体ぜんたいでかんじる** さわったり、かおりをかいだりしてみよう。
3. **くらべる** きのうのようすや、友だちのダイコンともくらべてみよう。

右ページの「かんさつカード」をコピーしてつかおう。

かんさつカード　9月4日（金）　天気　はれ

だい　ダイコンのたねをまいた

2年1組　名前　田中サキ

やさい名人がつくってくれたはたけに、ゆびであなをあけて、たねをまきました。こんな小さなたねからダイコンができるのかと思い、ふしぎな気もちがしました。まいたあとは、土をかけて手でおさえました。早くめが出るといいな

天気

マークでかいたり、気温をかいたりするのもいいね。

だい

見たことやしたことを、みじかくかこう。

かんさつカードで記録しておけば、どんなふうに大きくなったかよくわかるワン！

かんさつカード　9月11日（金）　天気　はれ

だい　めがひらいたよ

2年1組　名前　田中サキ

たねをまいてから1週間たって、ダイコンのめがひらきました。ハートの形をしたはっぱで、とてもかわいいです。さわるとつるつるしていました。はっぱとはっぱの間からも、はっぱがはえています。どんどん大きくなあれ。

絵

はっぱ・くき・ねの形や色はどんなかな？よく見て絵をかこう。気になったところを大きくかいてもいいね。

かんさつカード　10月23日（金）　天気　くもり

だい　大きなはっぱがたくさんはえた

2年1組　名前　田中サキ

カブのはっぱが30cmになりました。はっぱの下をのぞいて見ると、土の上に白いところが出ているのが見えました。白いところがもっと出てきたら、しゅうかくできるそうです。楽しみだな。

かんさつ文

その日にしたことや、気がついたことをつぎの順番でかいてみよう。

- **はじめ** その日のようす、その日にしたこと
- **なか** かんさつして気づいたこと、わかったこと
- **おわり** 思ったこと、気もち